REIHE P

ÖSTERREICH IN ZAHLEN

Mit diesen Zahlen müssen Sie rechnen! Was Sie schon immer über die Alpenrepublik wissen wollten, aber bisher nicht zu fragen wagten: harte Fakten, präzise Zahlen, tiefe Einblicke und schockierende Enthüllungen …

Dieses Nachschlagewerk der besonderen Art vermittelt Ihnen nicht nur grundlegendes Zahlenmaterial über Österreich, sondern auch ausgesucht skurrile und erheiternde Informationen.

Die beiden Kabarettisten Claus Tieber und Richard Weihs haben schonungslos recherchiert und Ihnen die Ergebnisse pointiert serviert.

Band 812

PERLEN-REIHE

Claus Tieber / Richard Weihs

ÖSTERREICH IN ZAHLEN

Was wir essen, wie viel wir trinken, wie wir lieben und vieles mehr …

Mit Illustrationen von Tanja Reiner

Band 812

PERLEN-REIHE
Wien – München

A-1010 Wien, Hegelgasse 21
http://www.deuticke.at

Umschlag und Layout: Kraxenberger KommunikationsHaus GmbH
Lektorat: Rainer Hawlik
Herstellung: Josef Embacher
Druck: Laber Druck, Oberndorf
Printed in Austria

ISBN 3-85223-446-8

Inhalt

Für die freundliche Unterstützung bei der Recherche zu diesem Buch sind wir folgenden Personen und Institutionen zu großem Dank verpflichtet:

Prof. Dr. Rudolf Bretschneider und Dr. Lisl Putschi,
Fessel-GfK Institut für Marktforschung

Univ.-Prof. Dr. Fritz Karmasin,
Österreichisches Gallupinstitut

Dr. Johanna Pattera,
Österreichisches Statistisches Zentralamt

Wertvolle Hilfestellung leistete uns das Buch „Maß genommen. Österreich in der Meinungsforschung", herausgegeben von Rudolf Bretschneider, Johannes Hawlik und Ruth Pauli (Verlag Holzhausen, 1999).

Österreich in Zahlen

Zahlen und Ziffern: Eine ziemlich spröde Materie, möchte man meinen. An nüchternen Ziffern berauschen sich im Normalfall nur Statistiker und Zahlenmystiker. Und die Zahlen am eigenen Konto bieten leider selten genug Anlass zum ekstatischen Freudentaumel …

Im verwinkelten Labyrinth der langen Zahlenkolonnen und Zifferntabellen verbirgt sich aber so manche aufschlussreiche Information. Wir haben versucht, die interessanten Fakten im unübersichtlichen Wust der Zahlenwüste aufzuspüren und auszugraben.

Über Österreich, seine Einwohner und deren Eigenheiten sind schon viele umfangreiche Werke geschrieben worden. Während bei den meisten dieser Werke nur trockene Fakten mit noch trockenerem Sprachgebrauch präsentiert werden, funktioniert dieses Buch nach einer anderen Methode: So ähnlich wie jene Bilderrätsel für Kinder, bei denen ein Bild entsteht, wenn man nummerierte Punkte durch Striche miteinander verbindet. Wenn man die von uns ausgewählten Zahlen miteinander verknüpft, ergibt sich für jeden Leser ein eigenes Bild vom Durchschnittsösterreicher.

Um die Umrisse jenes Bildes möglichst scharf zu zeichnen, haben wir einen prüfenden Blick auf die imposante äußere Erscheinung von Herrn und Frau Österreicher geworfen: Gut genährt und glattgepflegt, wohlriechend und sauber gekleidet. Das war für uns Grund genug, um die Ursachen für das blendende Aussehen unserer Landsleute zu erforschen: Deftige Mahlzeiten mit üppigem Fleischanteil, reichlich Getränke mit beträchtlichem Alkoholgehalt, aber auch stetiges Streben nach sicht- und riechbarer Reinlichkeit.

Während der Fleisch- und Alkoholkonsum der Österreicher statistisch mit harten Zahlen belegt wird, waren wir bei der Hygiene auf jenes Zahlenmaterial angewiesen, das uns die Meinungsforscher lieferten. Diese stützten sich auf die Antworten der von ihnen befragten Bürger. Der Wahrheitsgehalt dieser Aussagen kann mitunter angezweifelt werden, denn in Bezug auf die hygienischen Praktiken der Österreicher vertraut man wohl besser der eigenen Nase als so mancher Umfrage.

Noch schwieriger gestaltet sich die Überprüfung der Angaben zur ausgelebten Sexualität der Österreicher. Es lässt sich wohl nicht ganz ausschließen, dass bei den Angaben der Bürger gelegentlich lüsternes Wunschdenken die triste Wirklichkeit überflügelte. Andere Angaben zur Freizeitgestaltung klingen dagegen durchaus glaubwürdig: Fernsehkonsum, Zeitungslektüre, sportliche und kulturelle (Nicht-)Aktivitäten summieren sich zum vertrauten Panorama des österreichischen Alltags.

Massive Unterschiede werden im Bereich der Einkommen und Bildungschancen sichtbar, nicht zuletzt auch zwischen Herrn und Frau Österreicher. Ob jedoch die krasse Benachteiligung der Österreicherin durch ihre deutlich längere Lebenserwartung ausgeglichen wird, darf stark angezweifelt werden.

Der frühere Tod des männlichen Österreichers ist nicht zuletzt auf seine fatale Leidenschaft für Autos und Motorräder zurückzuführen. Hierzulande sterben schließlich mehr junge Männer auf der Straße als im Krankenbett. Um der überragenden Bedeutung des Automobils für den Gefühlshaushalt der Österreicher Rechnung zu tragen, haben wir jenem ein eigenes Kapitel gewidmet.

Während der Einheimische bei Automarken keinerlei Vorbehalte gegenüber deren ausländische Herkunft zu haben scheint, sieht die Sache bei Menschen schon ganz anders aus. Nun ist es aber nicht so, dass der Österreicher dem Ausländer generell ablehnend gegenüber steht, denn schließlich besucht er ihn doch immer wieder gerne in dessen Heimat …

Auch was kriminelle Aktivitäten betrifft, sind wir – entgegen anders lautenden Behauptungen – durchaus nicht auf ausländische Hilfskräfte angewiesen. Der Österreicher verfügt selbst über genügend kriminelle Energie, um für eine einigermaßen beeindruckende Kriminalstatistik zu sorgen; auch wenn sich diese im internationalen Vergleich recht bescheiden ausnimmt.
Mord und Totschlag zählen hier zu Lande nicht zu den häufigsten Todesursachen. Da bei uns ein Großteil der Todesfälle auf ernährungsbedingte Krankheiten zurückzuführen ist, könnte man Messer und Gabel getrost als die beliebtesten Selbstmordwerkzeuge bezeichnen.
Aber wozu soll sich der Österreicher auch kasteien, wenn er ohnehin auf ein besseres Leben im Jenseits hofft? Gerne glaubt er an einen Himmel samt dazugehörigen Engelsscharen, weniger schon an einen Teufel und am allerwenigsten an die Hölle. Wobei sich natürlich die Frage aufdrängt, wo der arme Teufel dann Unterschlupf finden soll. Wahrscheinlich versteckt er sich im Detail …

Und dazu hat er auf den folgenden Seiten reichlich Gelegenheit. Viel Spaß beim Suchen!

Lust & Liebe

Am Anfang war die Lust. Später kam die Liebe. Wenn man verliebt ist, kribbelt's im Bauch. Zumeist später krabbelt es dann mancher Frau gar neun Monate lang im Bauch und unter den allergünstigsten Umständen wird dann einem Österreicher das Leben geschenkt. Naturgemäß liegen die näheren Umstände des Zeugungsaktes im Dunklen. Sie werden nur spärlich erhellt von den Umfragedaten neugieriger Meinungsforscher. Sobald der Österreicher aber das Licht der Welt erblickt hat, steht er sofort im grellen Scheinwerferlicht der Statistiker.

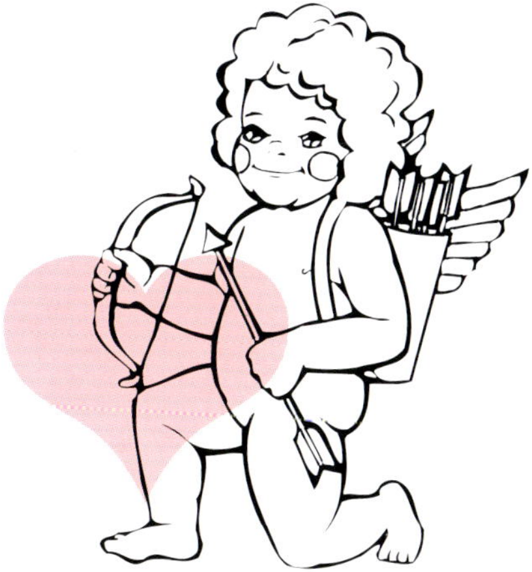

Wie viele Österreicher können sich Sex ohne Liebe vorstellen?

33 %

Jeder Dritte – und zwar 45 % der Männer (also fast jeder Zweite), aber nur 17 % der Frauen.

Quelle: Gallup 1999

Wie oft haben wir Sex?

2-3 Mal pro Woche

Immerhin jeder zehnte Österreicher hat viermal in der Woche Sex; manche sogar noch öfter.

Quelle: Gallup 1999

Wie viel Prozent der Hausfrauen sind denn besonders sexhungrig?

19 %

Die Berufsgruppe Hausfrauen macht es am allerliebsten. Beinahe jede fünfte Hausfrau treibt es mindestens vier- bis fünfmal pro Woche. (4 357 österreichische Hausmänner werden von der Statistik totgeschwiegen.)

Quelle: Gallup 1999

In welcher Region Österreichs steigt man denn am häufigsten miteinander ins Bett?

Eindeutig im Westen des Landes

Jeder Dritte in Tirol und Vorarlberg hat nur einmal pro Woche oder noch seltener Sex, in Wien, Niederösterreich und dem Burgenland jeder Zweite.

Quelle: Gallup 1999

Wie viele Ehen werden geschlossen?

41 394 pro Jahr

Quelle: Östat 1997

Wie viele Ehen werden geschieden?

17 884 pro Jahr

Das sind 38,6 % aller Ehen, also mehr als ein Drittel der geschlossenen Ehen scheitern.

5 249 Scheidungen erfolgen in den ersten fünf Jahren der Ehe.

Quelle: Östat 1997, 1998

Wie viele Babys werden bei uns geboren?

84 045 pro Jahr

1988 waren es noch 88 052 Geburten.

Quelle: Östat 1997

Wie viele Kinder kommen unehelich zur Welt?

24 208 pro Jahr

1988 waren es nur 18 503.

Quelle: Östat 1997

Wie oft kommen Zwillinge zur Welt?

1 032 mal pro Jahr

Quelle: Östat 1997

Wie oft werden Drillinge geboren?

23 mal pro Jahr

Quelle: Östat 1997

Wie oft gibt's Vierlinge?

2 mal pro Jahr

Quelle: Östat 1997

Wie hoch liegt hier zu Lande
das Durchschnittsalter der Mutter bei der Geburt
ihres ersten Kindes?

28,5 Jahre

Quelle: Östat 1997

Wie hoch liegt hier zu Lande
das Durchschnittsalter des verheirateten Vaters
bei der Geburt seines ersten Kindes?

32,2 Jahre

Quelle: Östat 1997

Welche Wünsche möchten die Österreicher noch am ehesten erfüllt sehen?

91 % ein gutes Familienleben bzw. eine gute Partnerschaft

84 % Gesundheit

52 % beruflichen Erfolg

Quelle: Fessel-GfK 1997

Magen & Darm

Nur von Luft und Liebe lebt der Österreicher ungern. Am liebsten greift er zu besonders deftigen Speisen. Zu einer soliden Mahlzeit gehört bei uns vor allem eines: Fleisch, Fleisch und noch einmal Fleisch. Das Lieblingstier des Österreichers ist das Schwein, vor allem, wenn es tot, gut durchgebraten und mit Knödel und Krügel serviert wird. Der Wahrheitsgehalt des Sprichwortes „Man ist, was man isst!" lässt sich leicht in jedem heimischen Gasthaus nachprüfen.

Wie viel Fleisch verzehrt der Österreicher?

97,8 kg pro Jahr

Quelle: Östat 1999, Versorgungsbilanz für 1998

Welche Fleischsorten essen wir am häufigsten?

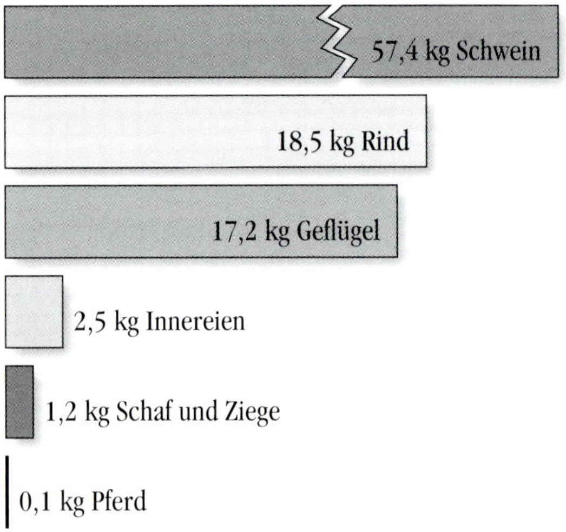

Quelle: Östat 1999, Versorgungsbilanz für 1998

Wie oft isst der Österreicher Wiener Schnitzel?

22 mal pro Jahr

Damit ist das Wiener Schnitzel eindeutig seine Lieblingsspeise.

Quelle: ACNielsen 1999

Nimmt man zum Schnitzel gerne Reis als Beilage?

Der fällt nicht weiter ins Gewicht:

4,5 kg pro Jahr

Quelle: Östat 1999, Versorgungsbilanz für 1996/97

Wie viel Fisch isst der Österreicher?

6,1 kg pro Jahr

Quelle Östat 1998

Welches und wie viel Gemüse landet jährlich auf dem Teller des Österreichers?

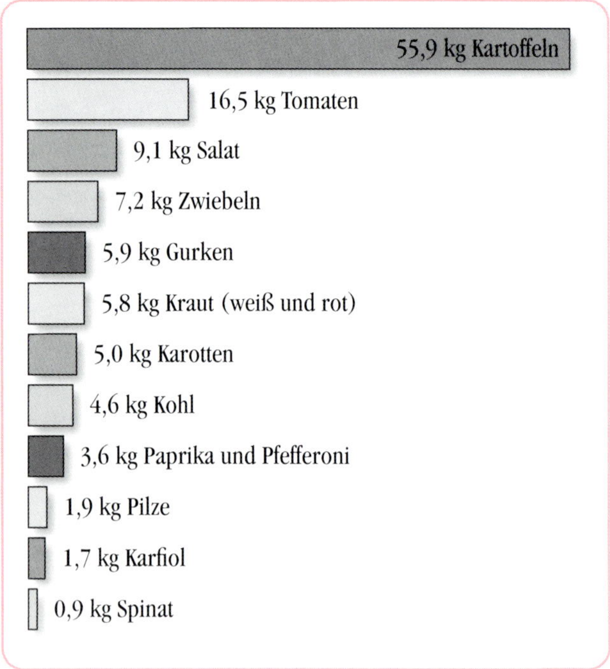

Quelle: Östat 1999, Versorgungsbilanz für 1996/97

Welches und wie viel Obst vertilgt der Österreicher jährlich?

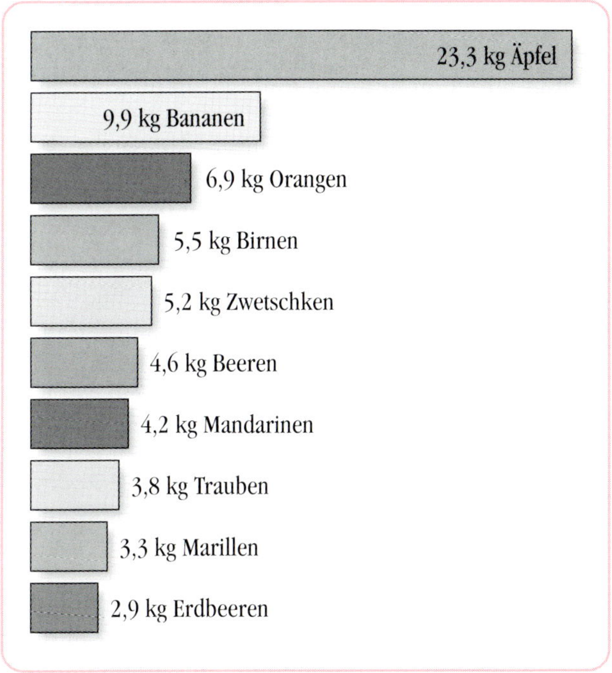

Quelle: Östat 1999, Versorgungsbilanz für 1996/97

Was nimmt der Österreicher jährlich an Milchprodukten zu sich?

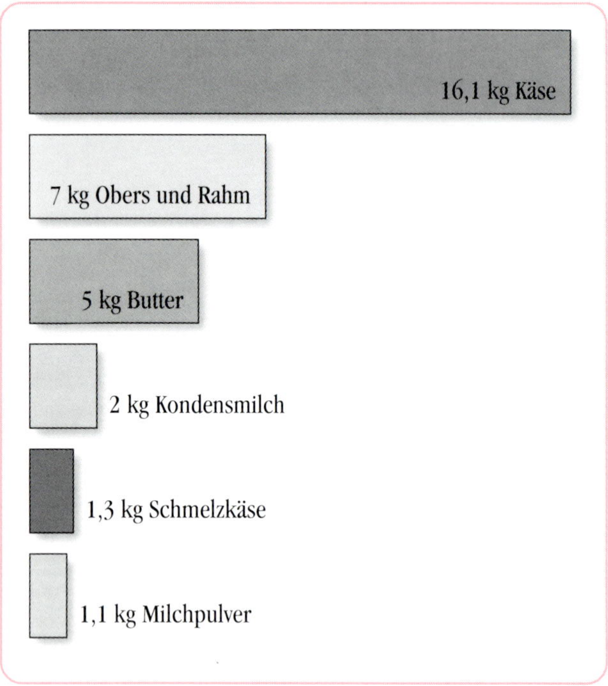

Quelle: Östat 1998

Wie viele Eier verspeist der Österreicher?

235 pro Jahr

Quelle: Östat 1999, Versorgungsbilanz für 1999

Wie viel Zucker nehmen wir zu uns?

40,4 kg pro Jahr

Quelle: Östat 1996/97

Wie viel Honig schlecken wir?

1,3 kg pro Jahr

Quelle: Östat 1996/97

Wie viel Getreide vertilgt der Österreicher?

73,5 kg pro Jahr

Quelle: Östat 1998

Welche Menge an Getreidesorten verzehrt der Österreicher jährlich?

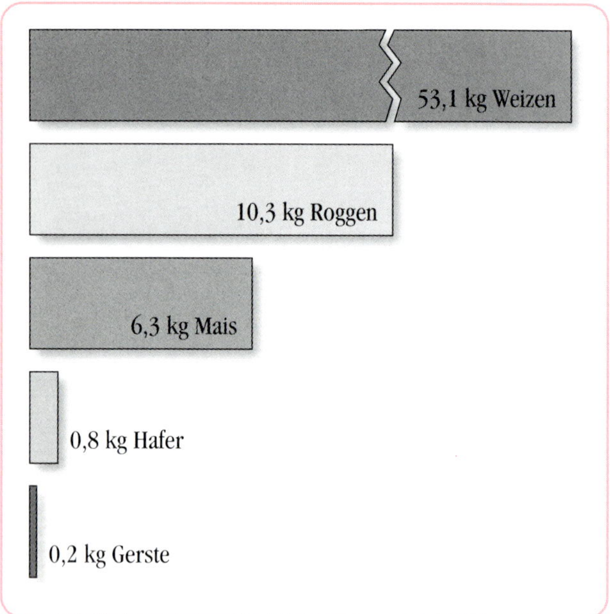

Quelle: Östat 1998

Wie viel Fett nimmt der Österreicher zu sich?

6,7 kg pro Jahr

Quelle: Östat 1998

Wie viel Zeit verbringt der Österreicher täglich beim Essen?

1 h und 29 min

Quelle: Östat 1992

Wie viele Österreicher haben Übergewicht?

24 %

Das ist fast jeder Vierte.

Quelle: Fessel-GfK 1997

Wie viele Österreicher haben Untergewicht?

23 %

Also auch fast jeder Vierte. Es gibt aber doppelt so viele untergewichtige Frauen als Männer.

Quelle: Fessel-GfK 1997

Wie viele Tonnen Abfall bleiben übrig,
wenn wir kochen und essen?

538 635 t pro Jahr

Quelle: Östat 1996

Glück & Glas

Wer gut und viel isst, der will auch seinen Durst stillen. Milch und Kamillentee sind uns zu fad, denn eigentlich braucht man schon etwas Anständiges, um die Kehle zu befeuchten. Ein Krügerl für den Durst, ein Vierterl für den Geschmack, ein Stamperl für die Verdauung – und schon schwimmt der Österreicher im Wohlgefühl. Im Nebel der Alkoholschwaden vergisst er die Welt um sich herum und suhlt sich in Zufriedenheit – denn glücklich ist, wer vergisst. Und so greift er so lange zum Glaserl, bis er bricht …

Das Lieblingsgetränk der Österreicher
ist bekanntlich das Bier.
Wie viele Liter des edlen Hopfengetränkes gießt sich
der Österreicher hinter die Binde?

111,7 l pro Jahr

1993 waren es noch 124 Liter. Damit liegen wir international an fünfter Stelle. Es führt Tschechien mit 162 l, gefolgt von Deutschland (131 l), Irland (124 l) und Dänemark (117 l).

Quelle: Östat 1994, Versorgungsbilanz für 1998

Österreich ist ein weinseliges Land.
Wie viele Liter Wein bechert der Österreicher?

30 l pro Jahr

Quelle: Östat 1999, Versorgungsbilanz für 1996/97

Wie viel Prozent der Österreicher trinken so manches Glaserl zu viel?

40 %

(Die Weltgesundheitsorganisation hält 1 Krügerl Bier bzw. 1 Vierterl Wein am Tag für unbedenklich.)

Quelle: Bundesministerium für Arbeit, Gesundheit und Soziales (BMAGS), Erhebung 1993/94

Wie viel Prozent der Landsmänner erkranken an Alkoholismus?

16 %

Quelle: BMAGS, Erhebung 1993/94

Wie viel Prozent der Frauen leiden unter der Lieblingsdroge Österreichs?

4 %

Quelle: BMAGS, Erhebung 1993/94

Wie viel Prozent der 16- bis 19-Jährigen trinken gerne einen über den Durst?

6 %

Quelle: BMAGS, Erhebung 1993/94

Wie viele Jahre weniger lebt ein Alkoholiker hier zu Lande?

10 bis 30 Jahre

Um diese Zeitspanne reduziert sich die Lebenserwartung von Alkoholikern.

Quelle: BMAGS, Erhebung 1993/94

Trinkt der Österreicher auch Milch?

74,9 l pro Jahr

Quelle: Östat 1998

Leib & Wäsche

Der prägende Einfluss von Speis und Trank formt nachhaltig den Körper der Österreicher. Und der will gepflegt und bekleidet werden! Wenn man den diesbezüglichen Umfragen Glauben schenken will, ist Österreich eine Insel der Sauberen, umwölkt von zartem Wohlgeruch und betörenden Düften. Angeblich putzt sich der Österreicher bis zu dreimal täglich die Zähne, verwendet ausgiebigst Kosmetika und wechselt jeden Tag die Unterwäsche. Wer's glaubt, wird selig …

Wie groß ist Herr und Frau Österreicher?

175,5 cm der Landsmann

163,8 cm die Landsfrau

Quelle: Östat 1991

Wie viel wiegen wir im Durchschnitt?

78,1 kg der Landsmann

64,8 kg die Landsfrau

Quelle: Östat 1991

Wie oft putzen wir uns die Zähne?

11 % dreimal täglich

52 % zweimal täglich

31 % einmal täglich

Quelle: Fessel-GfK 1991

Wie oft baden oder duschen wir?

68 % täglich

26 % alle zwei bis drei Tage

Quelle: Fessel-GfK 1998

Wie oft verwenden die Österreicher Hautpflegeprodukte?

67 % täglich

(85 % der Frauen und 47 % derMänner)

31 % mehrmals täglich

6 % nie

Quelle: Fessel-GfK 1998

Wie viele Österreicher verwenden täglich ein Deodorant?

60 %

Das sind sechs von zehn Österreichern.

Quelle: Fessel-GfK 1998

Wie viele Österreicher verwenden täglich Duftwässer (Parfums etc.)?

54 %

– allerdings 57 % aller Frauen und nur 49 % aller Männer.

Quelle: Fessel-GfK 1998

Wie viele Österreicher verwenden keine derartigen Produkte?

9 % der Frauen, aber **13 % der Männer**

Quelle: Fessel-GfK 1998

Wie oft wechseln die Österreicher ihre Unterhose?

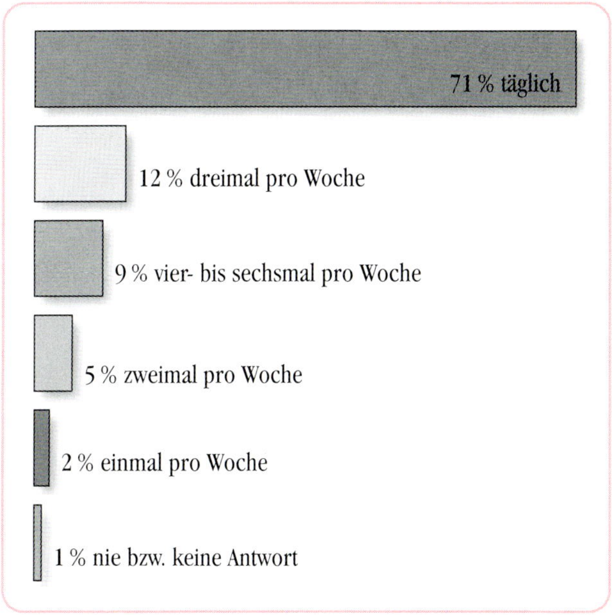

Quelle: Fessel-GfK 1991

Wie oft wechseln wir den Pyjama bzw. das Nachthemd?

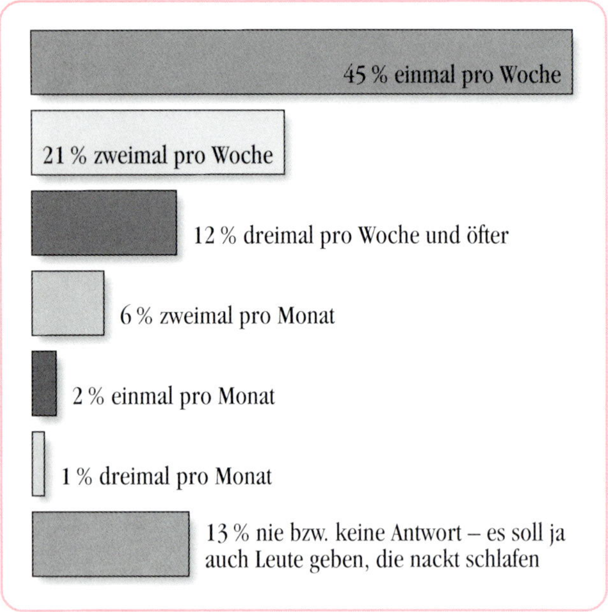

Quelle: Fessel-GfK 1991

Wie oft wechseln wir die Strümpfe bzw. die Socken?

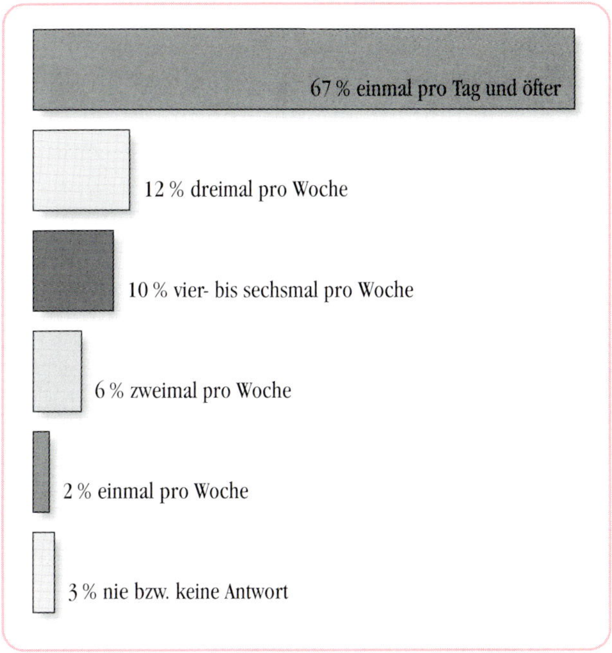

Quelle: Fessel-GfK 1991

Wie viele Österreicher rauchen?

29 %

Zwei von drei Österreichern sind Nichtraucher; allerdings rauchen 32 % der Männer, aber nur 26 % der Frauen.

Quelle: Fessel-GfK 1998

Wie viele praktizierende Ärzte gibt es bei uns?

32 720

Darunter sind 3 623 Zahnärzte.

Quelle: Östat 1997

Gut & Geld

Ob Speisen, Getränke, Kleidung oder Kosmetika, alles kostet Geld. Und das will verdient werden, es sei denn, man hat schon genug davon. Das trifft allerdings nur auf die wenigsten Österreicher zu. Für die anderen, die nicht so begütert sind, dreht sich (fast) alles ums liebe Geld.

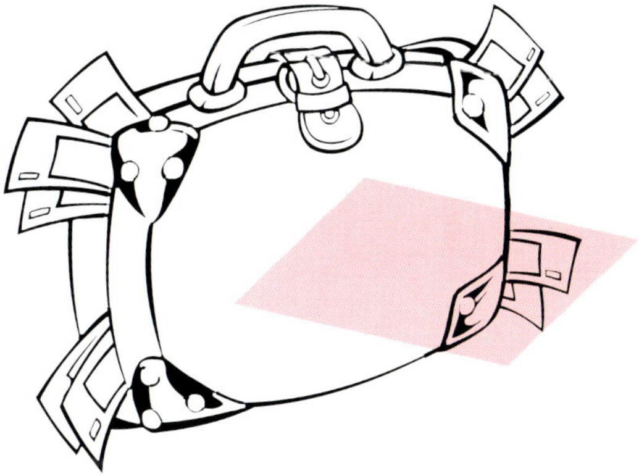

Wie viel verdient der Österreicher monatlich im Durchschnitt?

23 700 Schilling brutto

Quelle: Östat 1996

Um wie viel verdienen Männer durchschnittlich mehr als Frauen?

6 100 Schilling brutto

25 800 Schilling brutto verdient der männliche Österreicher im Monat,
19 700 Schilling brutto die Österreicherin.

Quelle: Östat 1996

Wie viele Arbeiter gibt es bei uns?

885 400

mit einem Durchschnittsverdienst von 21 500 Schilling.

Quelle: Östat 1996

Wie viele Angestellte gibt es in Österreich?

708 100

mit einem Durchschnittsverdienst
von 28 400 Schilling.

Quelle: Östat 1996

Und wie viele Beamte?

14 800

mit einem Durchschnittsverdienst
von 30 200 Schilling.

Quelle: Östat 1996

Wie viele Österreicher arbeiten in der Land- und Forstwirtschaft?

593 714

Quelle: Östat 1997

Wie viele Menschen sind arbeitslos gemeldet?

233 348

Das ist eine Quote von 7,1 %.

Quelle: Östat 1997

Wie viele Pensionisten gibt es bei uns?

1 894 025

Quelle: Östat 1997

Wie viele unselbstständig beschäftigte Österreicher verdienen unter 15 000 Schilling im Monat?

318 900

Quelle: Östat 1996

Und wie viele verdienen monatlich 100 000 Schilling oder mehr?

5 400

Aber das sind, wohlgemerkt, nur die unselbstständig Beschäftigten …

Quelle: Östat 1996

Wie viele Tage sind wir im Krankenstand?

13,2 pro Jahr

Quelle: Östat 1997

Wofür geben wir unser Geld aus?

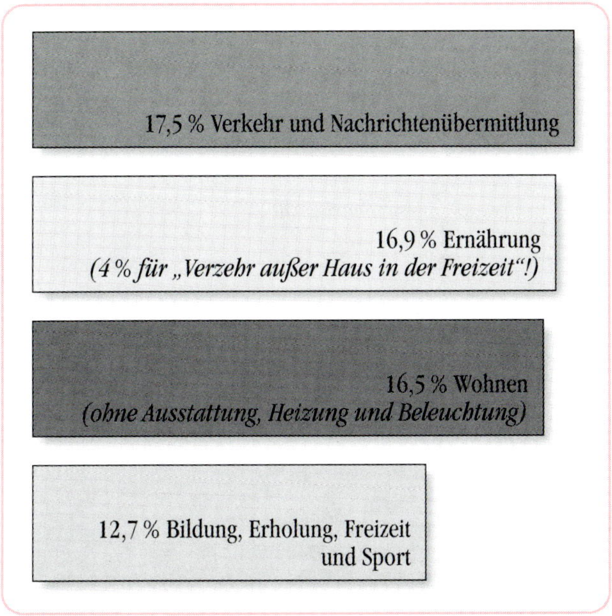

Die Angaben sind pro Haushalt, wobei sich bei „Verkehr und Nachrichtenübermittlung" das Automobil natürlich mehr zu Buche schlägt als die Briefmarke.

Quelle: Östat 1994

Wie viele Insolvenzen gibt es?

2 344 pro Jahr

Quelle: Östat 1997

Schlafen & Wachen

Arbeit macht das Leben süß. Noch süßer ist nur das Nichtstun. Was aber tut der Österreicher, wenn er gerade nichts tut? Ganz schön viel: Kaum den Mühen der Arbeitswelt entronnen, stürzt er sich kopfüber in die Mühlen des Freizeitstresses. Diese Mühlen mahlen allerdings ausgesprochen langsam. Wenn der Abend naht, sinkt der Österreicher alsbald ins Bett, aus dem er sich zu unchristlicher Stunde wieder erhebt – und das in einem katholischen Land!

Wie lange schläft der Österreicher täglich?

8 h und 43 min

Quelle: Östat 1992

Und wann steht er auf?

30 % vor sechs Uhr

30 % vor halb sieben Uhr

20 % vor sieben Uhr

Um acht Uhr früh liegen nur mehr 6 % der Österreicher im Bett!

Quelle: Fessel-GfK 1998

Über wie viele Stunden Freizeit verfügt der Österreicher an einem Arbeitstag?

5 h

Quelle: Östat 1992

Wie nutzt der Österreicher diese Freizeit?

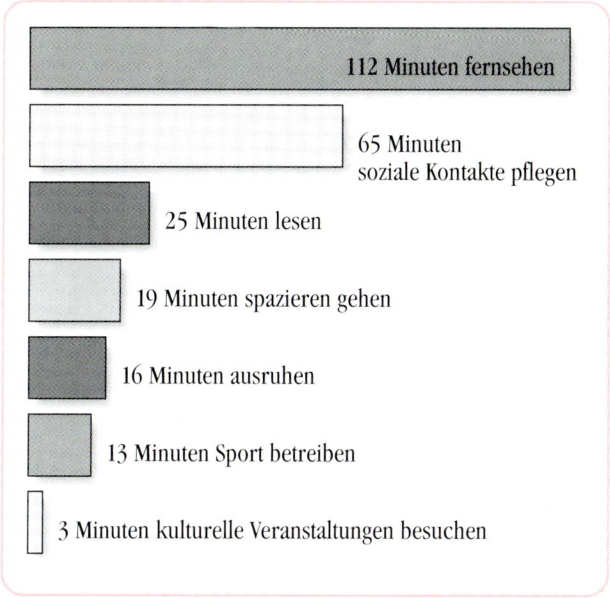

Quelle: Östat 1992

Sport & Spiel

Der Österreicher ist ein echter Sportsfreund. Er nimmt begeistert Anteil an den bewegenden Ereignissen der Sportwelt, den patriotischen Blick gebannt auf den Fernsehschirm gerichtet. Unter gewissen Umständen ist er aber auch bereit, aktiv am Sportgeschehen teilzunehmen: Gesetzt den Fall, dass die Sportart nicht allzu strapaziös ist, von Massen ausgeübt werden kann und womöglich auch noch voll im Trend liegt.

Wie viele Vereine gibt es bei uns?

96 288

Quelle: Östat 1997

Welche Arten von Vereinen werden bei uns am häufigsten gegründet?

21 919 Turn- und Sportvereine

13 425 Kulturvereine

13 333 Sparvereine

Quelle: Östat 1997

Wie viele Österreicher üben zumindest gelegentlich Sport aus?

78 %

– also mehr als drei Viertel.

Quelle: Östat 1992

Wie viele Österreicher betreiben welchen Sport?

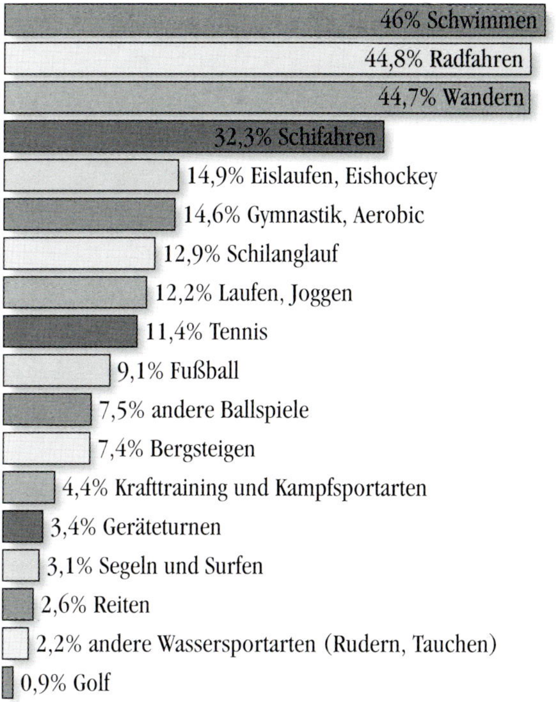

Quelle: Östat 1992

Wie viele Sportunfälle gibt es?

216 000 pro Jahr

Quelle: Kuratorium für Verkehrssicherheit (KfV) 1996

Im Alpinsportbereich (Schi und Snowboard) passieren die meisten Unfälle. Wie viele sind es?

82 200 pro Jahr

Quelle: KfV 1996

Bei welchen Sportarten sterben die meisten Menschen?

128 Tote beim Wandern und Bergwandern

73 Tote beim Radfahren

71 Tote beim Schwimmen

Quelle: KfV 1996

Was sind unsere beliebtesten Hobbys?

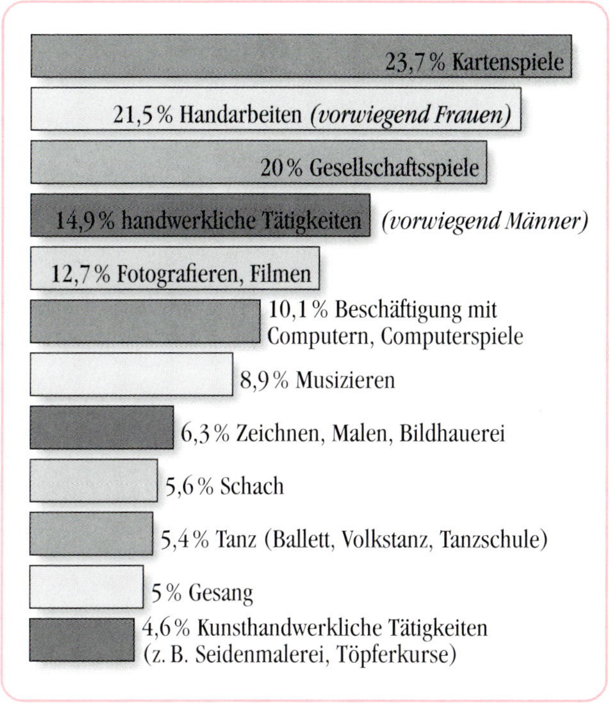

Quelle: Östat 1992

Wie viel Prozent der Österreicher sind Mitglied einer politischen Partei?

14 %

1969 waren es noch 24 %.

Quelle: Fessel-GfK 1996

Motor & Rad

Der Österreicher liebt sein Auto. Und wie es halt so ist mit der Liebe: Manchmal tut sie weh und mitunter endet sie auch tödlich. Bevor der Homo austriacus beim Auto spart, schränkt er sich notfalls sogar beim Essen ein, denn das Selbstwertgefühl des Österreichers liegt anscheinend unter der Motorhaube. Egal wie teuer die Vollmotorisierung der Allgemeinheit auch zu stehen kommt, der Autofahrer betrachtet sich doch nur als die „Melkkuh der Nation". Liebe macht eben blind.

Wie viele Kraftfahrzeuge gibt es in Österreich?

3 782 544 PKWs

300 726 LKWs

9 718 Busse

Quelle: Östat 1997

Wie viele Motorräder gibt es?

212 791 Motorräder

362 953 Mopeds

Quelle: Östat 1997

Wie viele Österreicher fahren im Rollstuhl?

24 300

Quelle: Östat 1998

Was sind die meistgekauften Autos der Österreicher?

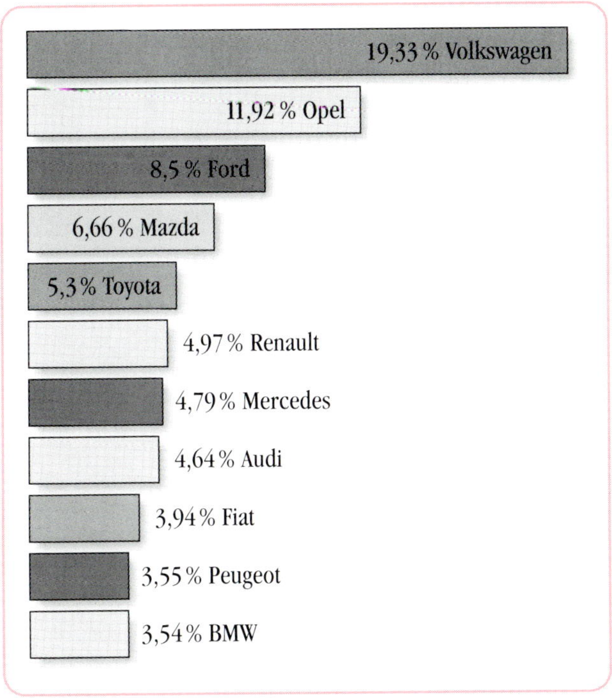

Quelle: Östat 1997

Wie viele Verkehrsunfälle mit Personenschaden gibt es?

39 695 pro Jahr

Quelle: Östat 1997

Wie viele Menschen werden bei diesen Unfällen verletzt?

52 696 pro Jahr

Quelle: Östat 1997

Wie viele Menschen kommen bei Verkehrsunfällen ums Leben?

1 105 pro Jahr

Quelle: Östat 1997

Bei wie vielen Unfällen ist Alkohol im Spiel?

2 482 pro Jahr

Bei diesen gibt es 3 575 Verletze und 96 Tote.

Quelle: Östat 1997

Wie viele Autofahrer werden wegen Alkoholisierung angezeigt?

42 684 pro Jahr

Quelle: Bundesministerium für Inneres (BMI) 1999

Wie viele Führerscheinabnahmen wegen Alkoholisierung gibt es?

25 379 pro Jahr

Quelle: BMI 1999

Wie viele Führerscheinabnahmen wegen Alkoholisierung gibt es pro 100 000 Einwohnern in den einzelnen Bundesländern?

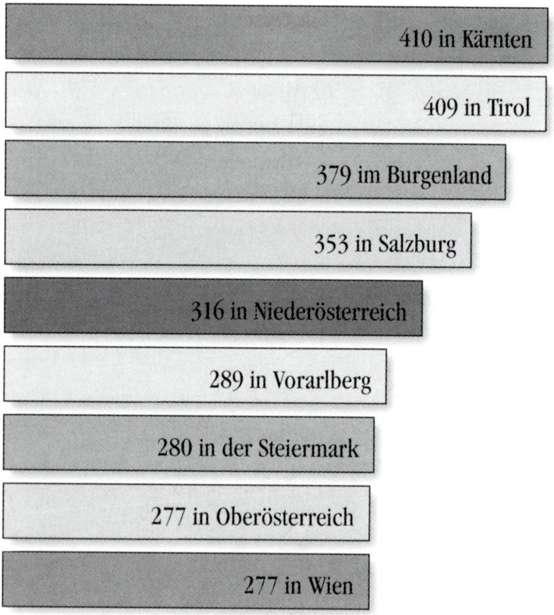

Quelle: BMI 1999

Sang & Klang

Österreich gilt in aller Welt als das Musikland schlechthin: Der Österreicher wiegt sich jodelnd im Dreivierteltakt, schuhplattelt zwischendurch und bläst dazu die Zauberflöte. Bei näherer Betrachtung geht jedoch dieses Klischee sang- und klanglos flöten: Der passive Musikkonsum übersteigt bei weitem den Anteil des aktiven Musizierens. Im Bierzelt regiert die original fidele Volkstümelei; aus dem Autoradio düdelt zwischen Werbung und Verkehrsfunk der internationale Dodel-Pop.

Wie viele Österreicher interessieren sich für Kulturveranstaltungen?

62 %

Sie würden gerne noch öfter ins Theater, Konzert, in die Oper oder ins Museum gehen.

Quelle: Fessel-GfK 1999

Wie viele Österreicher lassen sich aufgrund des Eintrittspreises vom Besuch kultureller Veranstaltungen abschrecken?

64 %

Quelle: Fessel-GfK 1999

Wie vielen Österreichern ist es keinen müden Groschen wert, am kulturellen Leben teilzunehmen?

35 %

Quelle: Fessel-GfK 1999

Wie viele Österreicher gehen wirklich in die Oper?

3 %

Quelle: Fessel-GfK 1999

Wie viele Österreicher interessieren sich für die Oper?

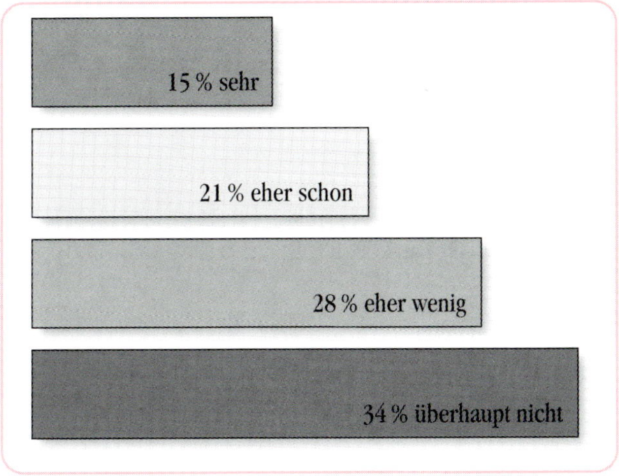

Quelle: Fessel-GfK 1999

Welchen österreichischen Komponisten hören die Österreicher am liebsten?

53 % Wolfgang Amadeus Mozart

52 % Walzerkönig Johann Strauß

Quelle: Fessel-GfK 1999

Wie viele Österreicher spielen ein Musikinstrument?

24 %

Also fast jeder vierte Österreicher gibt an, zumindest ein Instrument zu beherrschen. Gelegentlich oder gar öfter spielen allerdings nur 16 %.

Quelle: Fessel-GfK 1999

Welche Musikinstrumente werden bei uns gespielt?

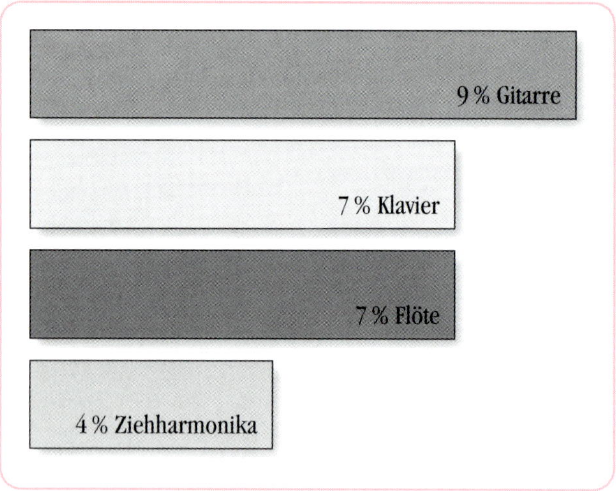

Quelle: Fessel-GfK 1999

Hörer & Seher

Des Österreichers liebste Freizeitbeschäftigung ist bekanntlich das Fernsehen. Gelegentlich unterhält er sich auch mit anderen Menschen, vor allem dann, wenn diese in sicherer Entfernung weilen. Das Handy gibt dem Österreicher nun die Gelegenheit, in allen Lebenslagen und allerorts gepflegte Kommunikation zu betreiben, wovon man sich in jedem öffentlichen Verkehrsmittel oder auch im Supermarkt zur Genüge überzeugen kann.

Wie viele Fernsehbewilligungen gibt es in Österreich?

2 636 677

Viele Haushalte haben allerdings mehrere Geräte; dafür liegt die Anzahl der Schwarzseher naturgemäß im Dunkeln …

Quelle: Östat 1997

Wie lange sieht der Österreicher täglich fern?

2 h und 30 min

Quelle: Östat 1998

1992 haben wir noch 1 Stunde und 52 Minuten in die Flimmerkiste gestarrt.
Im Vergleich: Die Deutschen glotzen sogar dreieinhalb Stunden.

Quelle: Östat 1992

Wie viel Prozent der österreichischen Haushalte haben einen Telefonanschluss?

98 %

Also schon fast alle.

Quelle: Fessel-GfK 1999

Wie viel Prozent der über 15-Jährigen in Österreich haben ein eigenes Handy?

39 %

Vier von zehn Österreichern haben schon ein eigenes Handy. Tendenz: stark steigend …

Quelle: Fessel-GfK 1999

Wie viele Haushalte haben einen Computer?

1 440 000

Das sind 45 %.

Quelle: Integral-Fessel-GfK 1999

Wie viele Österreicher haben Zugang zum Internet?

2 100 000

Also nützt jeder Vierte von uns zumindest gelegentlich das Netz. Damit liegen wir in Europa an sechster Stelle.

Quelle: Integral-Fessel-GfK 1999

Buch & Staberl

Lesen und Schreiben hat bei uns jeder gelernt. Aber wer tut es wirklich? Nur eine kleine radikale Minderheit liest bei uns und eine noch kleinere, manchmal noch radikalere Minderheit, schreibt. Österreich mag Autoren von Weltruf hervorgebracht haben, aber gelesen werden sie vorwiegend im Ausland. Hier zu Lande liest man lieber Zeitung. Von jenen Meinungsmachern und Kolumnisten, die bei uns massenhaft gelesen werden, will wiederum das Ausland lieber nichts wissen.

Wie viele Volksschüler gibt es bei uns?

387 488

Quelle: Östat 1997/98

Wie viele Volksschullehrer gibt es bei uns?

32 625

Davon sind 27 941 Frauen und 4 684 Männer.

Quelle: Östat 1997/98

Wie viele Hauptschüler gibt es bei uns?

261 587

Quelle: Östat 1997/98

Wie viele Hauptschullehrer gibt es bei uns?

33 841

Davon sind 21 683 Frauen und 12 158 Männer.

Quelle: Östat 1997/98

Wie viele Kinder besuchen höhere Schulen?

306 691

Davon sind 163 323 Mädchen und 143 368 Buben.

Quelle: Östat 1997/98

Wie viele Lehrer unterrichten an höheren Schulen?

40 305

Davon sind 21 653 Frauen und 18 652 Männer.

Quelle: Östat 1997/98

Wie viele Österreicher maturieren?

33 475 pro Jahr

Davon sind 18 332 Mädchen und 15 143 Burschen.

Quelle: Östat 1997

Wie viele Österreicher studieren?

224 935

Davon sind 107 403 Frauen und 117 532 Männer.

Quelle: Östat 1997

Wie viele Österreicher schließen ein Studium ab?

16 045 pro Jahr

Davon sind 7 138 Frauen und 8 907 Männer.

Quelle: Östat 1997

Wie viele Assistenten arbeiten an den heimischen Hochschulen?

7 816

Davon sind 2 114 Frauen und 5 702 Männer.

Quelle: Östat 1997

Wie viele Hochschulprofessoren lehren bei uns?

1 994

Davon sind 139 Frauen und 1 855 Männer.

Quelle: Östat 1997

Wie viele Österreicher lesen eine Tageszeitung?

76,9 %

Das sind drei von vier Österreichern.

Quelle: Media-Analyse 1998

Welche Tageszeitungen werden in Österreich am meisten gelesen?

43,1 % lesen die **„Neue Kronenzeitung"**

– bald schon jeder zweite Österreicher schaut in die „Krone".
Danach kommt lange nichts …

12,4 % lesen die **„Kleine Zeitung"**

12 % lesen den **„Kurier"**

Quelle: Media-Analyse 1998

Wie viele Österreicher lesen Bücher?

45 %

Also fast jeder zweite Österreicher las 1998 überhaupt kein Buch, während Mitte der Achtzigerjahre nur 28 % der Österreicher kein Buch gelesen haben. Tendenz: stark steigend!

Quelle: Östat 1999

Lesen Frauen mehr als Männer?

60 % der Frauen

nehmen sich Zeit, um ein Buch zu lesen, aber nur

48 % der Männer

Quelle: Östat 1999

Wie viele Menschen in unserem Land können nicht lesen?

300 000

Sie sind funktionelle Analphabeten. Da bei uns allgemeine Schulpflicht herrscht, gibt es hier zu Lande allerdings nur „gelernte Nichtleser".

Quelle: Östat 1999

Was sind die Lieblingsautoren der Österreicher?

1. Heinz Konsalik

2. Johannes Mario Simmel

3. Ephraim Kishon

4. Hermann Hesse, Stephen King

5. John Grisham, Rosamunde Pilcher und Peter Rosegger

Quelle: Fessel-GfK 1999

Hund & Katz

Wenn der Österreicher etwas liebt, das nicht vier Räder hat, so hat es zumeist vier Beine. In seinem Herzen hat das Haustier ein warmes und behagliches Platzerl. Weil sich das liebe Viecherl dort gemütlich ausbreitet, bleibt für alles andere oft kein Platz mehr. Was man beim Hunderl herzig findet, kann bei Kindern zu schwersten Sanktionen führen. Und wenn sich das Tier einmal doch vom Kind bedrängt fühlt, schnappt es halt zu …

Wie viele österreichische Familien
haben eine Katze als Haustier?

867 000 Familien

halten 1 509 000 Katzen; 4 von 10 Katzenhaltern
haben zwei oder mehr Katzen.

Quelle: IMAS 1997

Und wie viele Hunde gibt es
in den österreichischen Haushalten?

545 000 Hunde

in 487 000 Haushalten.

Quelle: IMAS 1997

In wie vielen Haushalten werden Vögel gehalten?

5,2 % der Haushalte haben
mindestens einen **Wellensittich**

2,5 % haben einen **Kanarienvogel**

1 % haben **sonstige Vögel**

Quelle: IEMT 1992

Wie viele Nutztiere gibt es in Österreich?

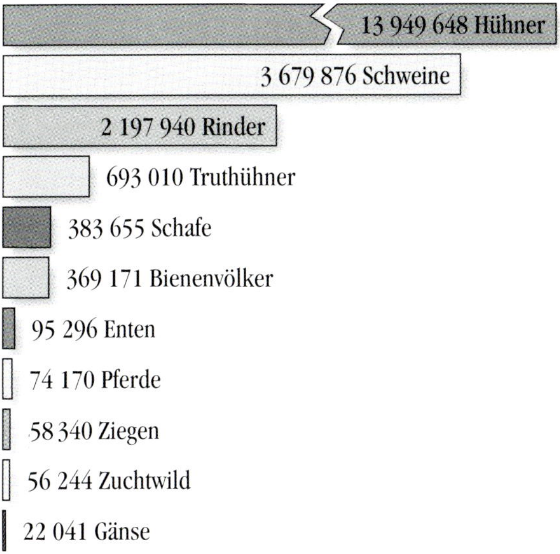

Quelle: Östat 1998

Wie viele Menschen werden bei uns von Tieren gebissen?

4 143 pro Jahr

Über die Dunkelziffer schweigt die Statistik …

Quelle: KfV 1996

Wie viele Tiere werden pro Jahr geschlachtet?

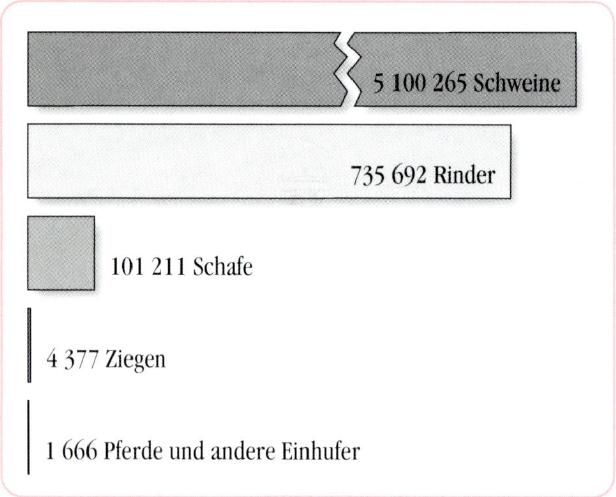

Quelle: Östat 1998

Wild & Fremd

Was wir Österreicher nicht oft genug sagen können: „Österreich ist ein gastfreundliches Land. Viele Menschen kommen gerne zu uns auf Besuch. Auch wir fahren immer wieder gerne in das Ausland. Aber wir kommen auch immer wieder gerne zurück. Dasselbe erwarten wir auch von den Ausländern."
Eines müssen wir aber schon sagen: Was wir Österreicher uns deshalb immer öfter anhören müssen – also das hätten wir uns vom Ausland wirklich nicht erwartet!

Wohin fahren die Österreicher auf Urlaub?

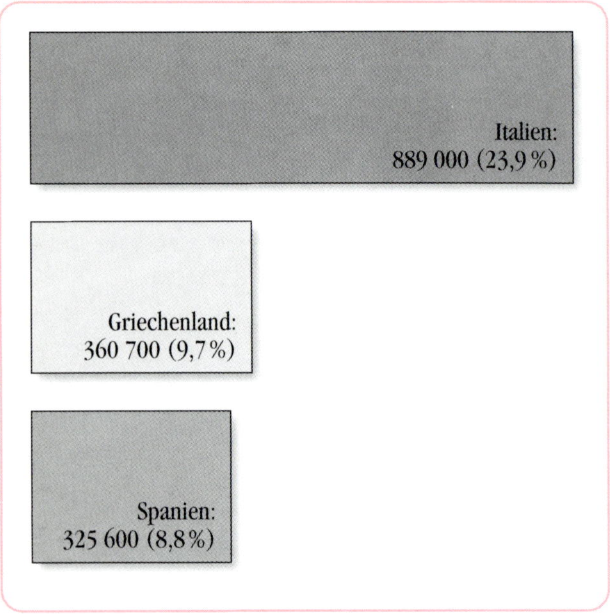

Quelle: Östat 1996

Wer kommt zu uns auf Urlaub?

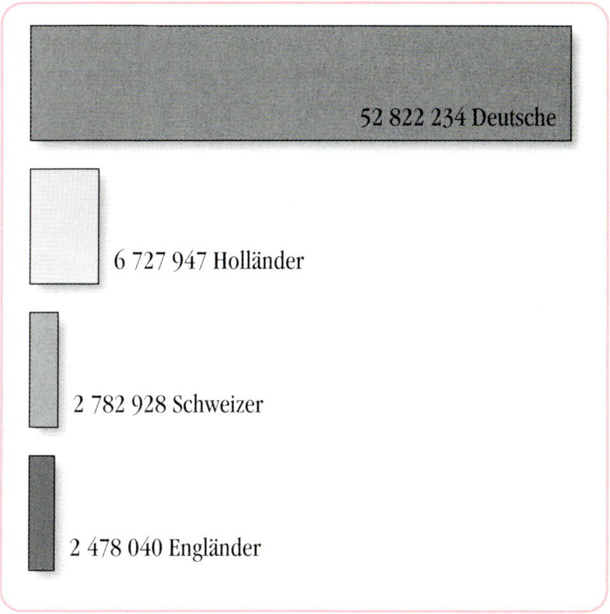

Quelle: Östat 1997

Wie viele Österreicher glauben, dass es bei uns schon zu viele Ausländer gibt?

64 %

Also fast zwei Drittel. 1990 waren es sogar noch 67 %.

Quelle: Fessel-GfK 1990, 1996

Wie viele Österreicher glauben, dass wir eine Nation sind?

77 %

1964 waren es nur 47 % …

Quelle: Fessel-GfK/Ifes 1998

Hieb & Stich

Was wir natürlich nie sagen würden: „Der Österreicher ist kriminell veranlagt. Er betrügt und stiehlt, er raubt und mordet. Und oft kommt ihm einfach nur die Hand aus.“ Wie gesagt, wir würden das ja natürlich nie sagen. Wir nicht, aber die Statistik. Es heißt zwar, die Statistik lügt nicht – aber man muss ja nicht alles glauben, nur weil es nicht gelogen ist.

Wie viele Verurteilungen erfolgen
in Österreich wegen strafbarer Handlungen?

63 864 pro Jahr

Wenn Ihnen das wenig vorkommt: Die Anzahl der angezeigten bzw. nicht verfolgten Vergehen ist natürlich sehr viel größer.

Quelle: Östat 1999

Welche und wie viele Gewalttaten
werden bei uns jährlich verübt?

52 Morde

328 Fahrlässige Tötungen und Körperverletzungen mit tödlichem Ausgang

22 260 Körperverletzungen

Quelle: Östat 1999

Welche und wie viele Eigentumsdelikte werden bei uns jährlich begangen?

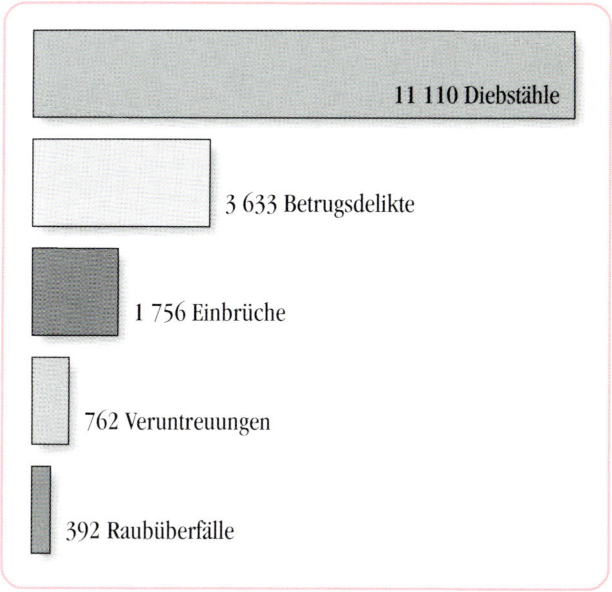

Quelle: Östat 1999

Und wie steht's mit den Sittlichkeitsverbrechen?

171 Verurteilungen

wegen Vergewaltigung, geschlechtlicher Nötigung und Schändung,

252 Verurteilungen

wegen Unzucht mit Unmündigen.

Aber – bedenken Sie die Dunkelziffer …

Quelle: Östat 1999

Welche Straftaten scheinen dem Österreicher vollkommen fremd zu sein?

0 Hochverrat

0 Angriffe
auf oberste Staatsorgane

0 Störungen
der Beziehungen zum Ausland.

Quelle: Östat 1999

Tod & Teufel

Alles hat einmal ein Ende. Auch der Durchschnittsösterreicher. Er stirbt jährlich tausend Tode und ist letzten Endes dann doch nur eines: tot. Aber auch, wenn er sich nicht wirklich sicher ist, ob es ein Leben vor der Pension gibt, so glaubt er doch an ein Leben nach dem Tod. Wie dieses allerdings aussehen wird, darüber schweigt selbst die Statistik.

Wie alt werden Herr und Frau Österreicher?

74,3 Jahre alt wird der Landsmann

80,6 Jahre dagegen die Landsfrau

Quelle: Östat 1997

Wie viele Menschen sterben in Österreich?

79 432 pro Jahr

Das entspricht der Bevölkerung einer mittleren Kleinstadt, z. B. Spittal an der Drau.

Quelle: Östat 1997

Was sind die häufigsten Todesursachen?

30 218 Herzkrankheiten

19 287 Krebserkrankungen

10 045 Hirngefäßkrankheiten

Quelle: Östat 1997

Und wie viele Mordopfer gibt es?

70 pro Jahr

Allerdings wurden auch 57 Todesfälle konstatiert – durch „Verletzungen, unbestimmt, ob unbeabsichtigt oder vorsätzlich".

Quelle: Östat 1997

Wie viele Selbstmorde gibt es?

1 592 pro Jahr

Quelle: Östat 1997

Steigt die Anzahl der Selbstmorde?

1 789 waren es im Jahr 1970

2 139 waren es 1986

1986 war der Höhepunkt der letzten Jahrzehnte.

Quelle: Östat 1997

Wie liegen wir bei den Selbstmorden im internationalen Vergleich?

Mit 42,1 Selbstmorden pro 100 000 Einwohnern liegen wir an

5. Stelle

– und zwar hinter:
1. der Russischen Förderation (87,1)
2. Ungarn (65)
3. Slowenien (56,7)
4. Finnland (53,2)

Quelle: Östat 1997

Wie viele Österreicher sterben jährlich aufgrund ihrer unkontrollierten Ess- und Trinkgewohnheiten?

1 958

Menschen sterben an Leberzirrhose,

121

sterben an Gallenkrankheiten.

Quelle: Östat 1997

Wie viele Österreicher werden vom Blitz getroffen?

5 pro Jahr

Zwei davon sterben.
Die meisten Treffer der letzten Jahre gab es 1986: 23; davon waren 5 tödlich.

Quelle: KfV 1997

Und woran pflegt der Österreicher normalerweise nicht zu sterben?

0 Pest

0 Cholera

0 Hakenwurmkrankheit

0 Schwachsinnsformen
(Intelligenzmängel)

Quelle: Östat 1997

Welchen Glaubensgemeinschaften gehören die Österreicher an?

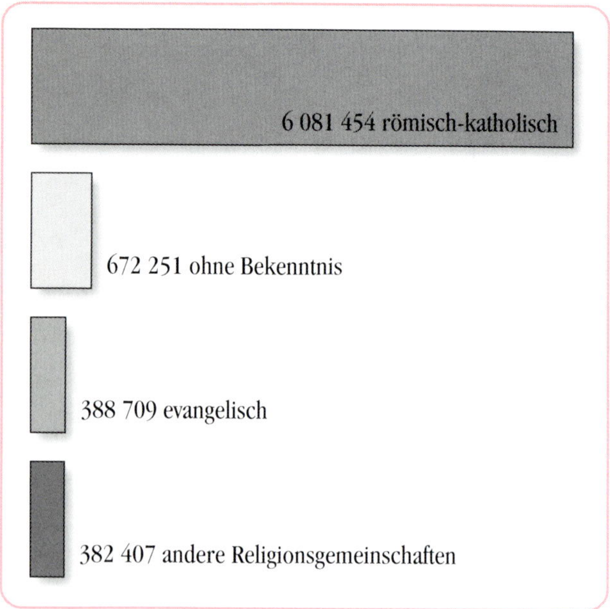

Evangelisch unterteilt sich in 371 928 AB und 16 781 HB, die Position „andere Religionsgemeinschaften" beinhaltet auch 18 930 altkatholisch, 160 000 islamisch und 7 270 jüdisch.

Quelle: Östat 1991

Wie viele Österreicher glauben an ein Leben nach dem Tod?

37 %

Quelle: Market Institut 1999

Wie viele Österreicher treten aus der römisch-katholischen Kirche aus?

32 195 pro Jahr

Quelle: Östat 1997

Wie viele Österreicher glauben an Gott?

46 %

Quelle: Market Institut 1999

Wie viele Landsleute glauben an den Teufel?

24 %

Also fast jeder Vierte.
An die Hölle allerdings glauben nur 13 % …

Quelle: Market Institut 1999

Wie viele Österreicher glauben an Engel?

33 %

Also jeder Dritte glaubt an die Boten des Herrn,
ebenso viele glauben an den Himmel.

Quelle: Market Institut 1999

Wie viele Österreicher glauben, dass ihr Schicksal von den Sternen abhängt?

23 %

Also fast so viele, wie an den Teufel glauben.

Quelle: Market Institut 1999

Schlagwortregister

Schlagwortregister

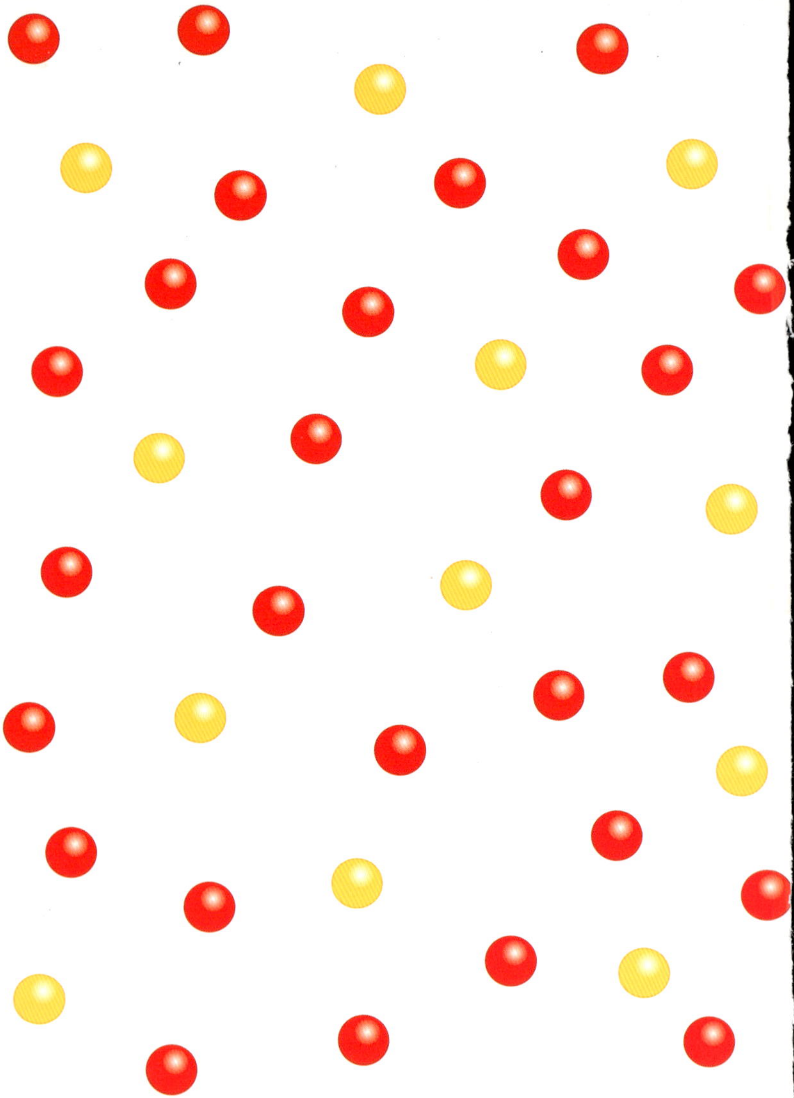